Puzzle #1

EASY

			9		1			7
6	7	2	4	5		9		
					2			4
7			1	4	8	3		6
			6		7		9	2
3			2		5	7		8
		6	8		4			5
							6	3
	4	5		1		8	7	

Puzzle #2

EASY

8				7	9			
6			3				8	
2	3		6	1			5	9
	1	6			5	9		7
	4							8
9		2	7	4		6		
1				9	7	8		
		8		3	6			2
		7	4			1		

Puzzle #3

EASY

	9	4	6					
2			9				1	6
1		6	7				4	
				1	6	3	9	7
9	6							
7			4	2			8	
6	2	3					5	4
	7			4			6	9
4			5		7	8		

Puzzle #4

EASY

	6	1		5	8			
8				3				9
5	3	9	4	2		8		
	2						8	
		7	2		5	9		
	5			6		3		
		4	8		2		5	3
				7	4		1	8
2		5	6		3	7		

Puzzle #5

EASY

	2	8				7	1	
	7		6	8	2	4	5	
3	4			9		2		
					4			
4		2					8	7
9	3		7	2		6	4	5
				7	1	8		4
	9		8		6	1		
			2		9			

Puzzle #6

EASY

6	1		2				9	8
			9	6		2		
8		2	3	5				
	4	5	7		2		6	3
	6	7						4
						7		9
7	3	8	1	2		6		
			6		5	3		
	5		4		7	9	8	

Puzzle #7

EASY

	4					9	2	
8	6	7	4	2	9	1		5
			6	5		8		4
				8	7			
	3	8	1		6		4	7
6	7	9		3		2	1	
9	1	5						3
7					5		9	
		4		6			5	

Puzzle #8

EASY

	7		2			4		
				5				6
		4		9	6			
2			9			6		
8		7	3		4	5	1	9
9					7	3		2
4		8	6					5
		6	8		1	2	9	
3	2	1		4				

Puzzle #9

EASY

		2	6	8				
6	5				4			7
7			2	3			9	
		3		4			6	
			3	9		5	2	4
4		9		6	1			
2			1		3	7	8	
	7		4		9		1	5
	1	5				9		2

Puzzle #10

EASY

	7	3				8		9
	8		6			5	1	
		9	7		4		6	
	6	4			9		8	
				5		7		
3		1	4	7	8	2	9	
1		5		4	7			
			2		1	4		3
	4		8				7	

Puzzle #11

EASY

9							2	3
1		2				5	4	
		4	6		2		1	7
					6			
7	5			9	8		3	1
	8	3	2		5		6	
			9	2		6	7	
	4	9		7	1			
		7	5			1		8

Puzzle #12

EASY

	9			2	5		4	
				1				5
5	1	3	8			6	7	2
7	2					5		
		6		5				9
	3		9	6	8			4
9		1	5	7			6	3
4			3				1	7
		7	1		2			

Puzzle #13

EASY

	6	9				5		1
	8				6	7		3
	7		5	1		9	6	2
		7		2	1		9	5
	3	1		8	9			7
					5		3	
	2	3				4		6
7			9	3		2	5	
							7	

Puzzle #14

EASY

6		5		1	4	3	8	7
	3						1	
1		2		7	3			9
			5	8	7		3	
4			3			1	7	
	7		1		9			2
3					1		4	
	6	8					9	1
			7	5				

Puzzle #15

EASY

		7	9		1	6	4	
	2						8	5
4	1							
	7			5	2		9	
2		3	4	1	9			7
	8				3	2		4
		6		4	8		2	1
5			2				6	
			1	9		5	7	

Puzzle #16

EASY

	9		4	7				3
8						5		7
6				5	9			
	1				8	2		6
2		8		6	1		5	9
		7			4			
		6	2		7	9		
	4		1	9		3		
1	5		3		6		4	2

Puzzle #17

EASY

		9	8	7		2	3	
	7	2			9			
	4		6			9		5
	2			3	4	5		
	1	3			5			
	8	5	2				1	
2					7	4		8
				5			2	6
	9	8		6		7		3

Puzzle #18

EASY

	6					3	7	
				1				
	8		7	3	6	4		9
8		6		7		5	2	3
3	9	7				1		
1			8	4		9		
				5	4			2
	2				7			1
6	7	3		2	1		5	4

Puzzle #19

EASY

		5	8			3		
2							4	
	3		7		4		1	8
5		1	4		7	8	6	
	8	2		1				
6	4	3					2	
							9	
	2	9	3	4	5	6	8	7
8			1	9	6	4		

Puzzle #20

EASY

5			4	9	3		7	2
		9			2		6	
	7					8	4	
7		6		1	5		9	4
	5						2	
9			7		4	6	5	8
	4		3	8		9		
	3				9			
	9	7	5	2		4		6

Puzzle #21

EASY

	6						9	3
	8		7	3	9		6	
			1		8	5		4
			5	4		2	3	9
2		1		7			5	
9					6	4		
6		8			2		4	
	2		6		4	9		
4		9		5				6

Puzzle #22

EASY

					6			
	4			8	2	1	9	
	2	3	5				4	
		5					8	
6		9	8	2	5			
	8	2	7	4		5		6
				5	1		7	
3		4	6				5	
7	5	1	2				6	9

Puzzle #23

EASY

3		6			1	4	5	2
7			9	4	3	6		
8						3	7	
		5	3			9		
6	2	3		9				1
	7		6		8			
				2		8	6	
				6		1	9	3
9	6		8					7

Puzzle #24

EASY

9		8		1			5	
						8	7	2
6	4				7		3	9
		1	2	7	9			
3	6			8			9	
		4						
	8	9	5		4	3	1	6
	2			6				8
	3		1			7	2	5

Puzzle #25

EASY

	7			5		8	1	
				2	6		7	9
2			7		4	6		
	2	6	4	9	7			5
	9	8		1				7
1			8	6		9	2	
	6	1	9				4	8
			6	7				
		5			1		9	

Puzzle #26

EASY

		9	6				8	
5	6		1	3	8	4		
		1	7	9	4			
2	5				1		3	
		4		2	5		1	9
1	9		4				5	
	2	6			7			
				4	6	1		
		5		8		6		

Puzzle #27

EASY

					5	9		1
4			6				8	2
1	2			7		6		5
3	6	9	8	4	2			
		4			6		2	3
			1				9	
6	4	3		2		1	5	
		7	3	1		2	6	
	8				4			

Puzzle #28

EASY

4		5	8					
	8		6				5	7
	1				4			
			3				1	8
6			9	2			4	5
	5	2		4		9	6	3
		4		7				
5		8	4		6		7	
3	6		5	8	9		2	4

Puzzle #29

EASY

	1	3			8	7		4
6	4		7			2		
		2		1	3	8		9
8				5	7	6	2	
	5							8
		6		3			7	
		9			6		4	
2		1		7	4	5	9	
			9		1	3	8	

Puzzle #30

EASY

		8			5		1	
5	1	6	2	9		7		8
			6				2	4
6	7			4				
9				6		2		5
		4		2	1			6
			1			9	8	2
2		7			9	1		
1	6					4		

Puzzle #31

EASY

3	2				7	5		
1		6		2		3		
		7	3					
	7	3		9				5
9				3				
6			7	1	4	9	3	8
7		1				2	9	
	3	5			2			
	8			6		7		4

Puzzle #32

EASY

		3	6		8		5	1
			5	4	2			
	4				3	6		2
7			3	1		2		
4	6		9		7			3
3		1		5	6		9	4
	1	2		6	5	9		
				8				5
	5		7					6

Puzzle #33

EASY

		3	2			9		
				7				
	5	9			3		4	8
	3				1	4	8	7
1	4		3	9				2
		6	4	2			3	
	6	7		8		2		3
3			7				1	6
8	2	1	9	3				

Puzzle #34

EASY

			5	1		2		7
8	6		3				5	
1		7	6	9				8
5		9				4		
	1	6			9			5
2		4	8	5			3	
	9		2	4			8	
		8	9		5		2	
4	2							

Puzzle #35

EASY

5		2	1		8		9	
1		6		7	5			4
3			4					
8	3		5	1	4	2		
9				2	3	7	1	
			8	9	7		3	5
	6			5		1	4	2
			7			5		
			2	8				

Puzzle #36

EASY

2	5						4	
3		6	2		1			7
7	9		8		4	6		
			1	8	3	2		
6	8					7	1	
		2	9				3	
	3	4	7				9	2
	6	5			8	1		
	2		3	9		4		

Puzzle #37

EASY

8		7			2		9	4
	9			4	6		8	1
1					8	2	3	
7	4				1		2	9
		6				8		
		8		7	3	5	4	
					7	9		
	8		4		5		7	
2	7	1		8				3

Puzzle #38

EASY

					7			6
	1		6	9				
		5	2	8	4	9		
5	2		7					
	7	4	8		1	2		9
	8			5	2			7
		7	9	2			3	
8	5		1				9	
6	9		4		5		2	1

Puzzle #39

EASY

2						5		
	5	8	4			3	9	7
	4		3			8	2	
3			1		6	9		8
			2	9	3	6	7	
		9		5	8		3	2
7	1							
8			5	2	1		4	9
4		2	8					

Puzzle #40

EASY

4		2			5	3	1	
	8				6			4
7				1	9			
8	7	6	1	2	4			
					3			
9	5		7			2		
3	9	1		5		4	8	7
5		7		8		6	9	
	2				7			5

Puzzle #41
EASY

		1	2	4	5		7	
2			1		8	9		
6	5	8					1	2
9				7		5		
7						2	9	
5	3	6						1
4		9		1	6		5	8
	7	3			4		2	
		5		3		1	4	

Puzzle #42

EASY

	9		8				2	
			9			8	4	
				4	2	7	9	6
	7	3	1	9				
	6	2	7				3	1
1	5	9		2		6		8
			4	1	7		6	
				3		2	8	
	4	5		8	9			

Puzzle #43

EASY

	1							4
4			8		1	6	9	7
	9	7			6	2		
8	5		6	1	2	4		9
1	6	2					5	3
				8		1		
		1	3		7			5
	3			6		7		2
	4			2			8	1

Puzzle #44

EASY

							3	2
2		7	8					
	4	9					7	8
1	6		3			9		5
	2		6	5		8	4	
	8			1		7		3
6		2				3		4
3					4		9	7
			9		8			6

Puzzle #45

EASY

				1						3
		7	3	4		9		
		6			4	8	
4				5		3	7	8
5	7	9		8				
6	3		7			5	9	2
8			4	6		7	2	
	5		9	2	7			
7	6		8	3	5			

Puzzle #46

EASY

7		8	4			3	6	5
				5		4		
2	4		3		8		1	
	5	7	2		6	1		
						9	5	2
4				3	9	6		7
	3	4	7	2		8		1
		2						4
		9	8		3			

Puzzle #47

EASY

		7				9	2	
1	5	2	8					3
	9		5		6			
7				5				2
6	4			1	8	5		
2	1		7		9	8		
	8	4		6	1			
	7		9			6		4
	2		4	7	5	3	8	

Puzzle #48

EASY

			2	4			5	1
2		8			9	7	6	4
		4		6		2	3	
					4			9
	2		5			1		7
9	8	1	6					
6			9		7			
5	3		8		1			
		7	4	3	6	5		

Puzzle #49

EASY

	3		2	8		9	6	
								2
	2		5	7		1	4	8
1	5		3	4				6
	4	6	7	2	5	3	9	1
9				6	8			
			6		7	8		3
7	9							
					1	2		

Puzzle #50

EASY

6			3			1	5	
	2		5					8
7		4		1	9	2	6	3
1		8			3	4		5
2	4		1	5		6	8	
9					4		3	
		6			1	8		7
	9							
4	1	2						

Puzzle #51

EASY

	7	1		6		4		5
			5	9			3	6
		6		7		2		
6				4				
2	5		1		6		4	9
9	1			3			6	
	6		8		4	9		
				2		8		
	4	5				6	7	2

Puzzle #52

EASY

3	7	8	4		9	1		6
		5		7	2		3	
9					1		7	4
				8			4	9
2		4		9	6			3
					3		1	
		2		6	8		5	
	4	9				8		
					4	3		7

Puzzle #53

EASY

4	3			6			1	
		2	5				7	4
5			8	2		9	6	
3	1		6				2	
	8			4	5		9	
7			1					6
6	9	3			1	5		
			9	5		7		
1		7	2					9

Puzzle #54

EASY

9							2				
	3	1		4		8			5	
	7	4					5		8	6	1
5		7		1				6		
						4					1	9
1	9	8		5		6		7	2	4
				7						3	
4		2							1		
						8	1					6

Puzzle #55

EASY

			7	1		5	3	
		3	8		5		2	9
2		7		9		8	1	6
6				2				
		9	6	4	1			5
				3		4	6	
3		5	1			6		2
9					4			
		8	3	5	6		9	

Puzzle #56

EASY

	1	9		7		3		8
				3		1		
	4	3	1			6		
9			5	8	6			
1		8	3	4		9		2
7					1			
3	2				5		8	
8	7		9	2		5		3
	9	5		6	3			1

Puzzle #57

EASY

9		6			2	1		7
	2					5	4		
			4	7			6	
	5	4	3	9	6	7	2	
1	9	2			8		3	6
			2	5				4
3		9						8
7						3		
	1		6		3	2	7	

Puzzle #58

EASY

1	4		3				6	
3		9	6		8			
	2				1	8		9
4	1	6			7		8	
			2	5	6	3	4	
	5		1	8				6
		1		7		9		
7						1	2	
	3	2			9		7	4

Puzzle #59

EASY

1	2	4			8		3	
9			5		3	2		
	7							1
5		9	7	3	2	1		
	1					5	7	
			8				2	
8			1	4	7		5	
		7					1	4
		1	6		5	7	9	2

Puzzle #60

EASY

5		7					9	
	2		6		9		3	
9				2	4	1	7	6
2	1					5		
4			8			3		7
	7			5	3	9		
			9			7		4
6		1						9
7	9	5	2	4			8	

Puzzle #61

EASY

		2	4		5			
3			7	9	1		8	
1		8	3		6	5		
4	2	7	1				3	
9					7	2	1	5
	8		6				4	
				6	3		2	4
2	7				4	8		
					8	3	9	

Puzzle #62

EASY

			6	7		9	2	
7		8		2	9	1		3
2					1		4	6
	7	5		4				
3	1		7	9		2		4
8								9
	2			8	7			5
1			5				3	
		4	9		2			

Puzzle #63

EASY

		1	9		8	3	7	
		5		6		1	8	
				3		2		
7			3			6	5	9
		6		9	5	8		
3				7			2	1
5	7				2		6	
1						7	4	
	9			8		5	1	

Puzzle #64

EASY

	5					4		8
6		4				7		
		2	6	4	3			
2	8			9				
3		7		2	4	6	8	
			1			2		5
	2		3	5		8	1	4
7	4	1	9	8			5	
						9		

Puzzle #65

EASY

9								8
	8	6		7		1	5	
2							7	
4			7		9		1	
	7		3	5		8	2	4
	3	8		1		7	9	
	6	3	1		7			9
	1					5		7
			5	6		3		

Puzzle #66

EASY

		6		3	7	9		
		5		4				
4		9			6		5	3
3	5		1	7		6		4
	7	4		9	5	3	2	
9		2					1	
			2	1	9	4		6
								9
2		3	4				7	

Puzzle #67

EASY

	8		1			3		
9		6		4	2		1	
1				3	6		9	8
				5	9		3	6
	2			8	3	1		
7					4	5		
	5							1
6		8		7	5	9		3
	9		3	6			5	7

Puzzle #68

EASY

		2		9		7		
		9		5				4
8							6	
5				7				6
	4	3	9		5	1	8	7
7				1	4		2	3
9		5	6			3		
	2						7	
	1	8	4	2	7			9

Puzzle #69

EASY

		4			1		5	
	1			2	5			3
2	5	3			7			
		8	7		3	2	5
		9					7	4
				4	6	1		8
3				9			1	7
1		6	7		2	5	4	
7			1	5		8		6

Puzzle #70

EASY

1	9	5	7			4		
		8		5	2		9	7
	7	3	6					1
	3	2				1		
5	8				6	9		2
7				4			3	
		7	5					
	2	6		8		7	4	
		1				8		

Puzzle #71

EASY

9		7	1			6		2
	2		9		6	8	1	3
	1			5		9		
			8	3	5	1		
		3						6
2	5	1			9			
3		6		1	7			
		2	6			4		
1	8	9	4		3			

Puzzle #72

EASY

	6							1
		8		9		4		
4	9	3	2	1	7			
					1		5	9
9	8	1	5		6			2
7			9					
	7		3	8	2			5
	3			5		7		6
1			7		4			3

Puzzle #73

EASY

	4	5	6	1	8	9		
		1						8
2		9	3		4	1		
7			4			8		1
		3	2	5		7		6
1	2	4		6			5	
	1				6			3
4	6				3	5		7
				9	2			

Puzzle #74

EASY

	3	7	6	2	1			
				3		9		
	1	5		8			2	3
8							1	
		1			7			
3	6	2	9	1				8
	8	4	2				5	7
7	2		5					9
5		6					3	4

Puzzle #75

EASY

			6	4	8			
1	4					7		6
5			7					2
		6		9			7	8
3			1			2	6	
9	8		3		6		1	
		1	9	7	2		5	
		5		6		9		
	9		4	5	3		8	7

Puzzle #76

EASY

7		5		4				2
		2						
	9		5			3		7
	2	6	1		5	9		4
	1			6		2		8
					8			
	3	8			7	6	5	
9		7	6		3	8		
			8	9	2		4	

Puzzle #77

EASY

	2		3		1			
				2	4		9	6
4	7				6			2
8				4				
		2	9	5				1
7	4				8	9	6	
9	1		4		2			
	6		1		5	7		
		7	8	6	9	1		4

Puzzle #78

EASY

		1	4				3	5
6	4						9	1
	3			1		4		6
1			7	2	6	8	5	
	5	3			9			
	7			3	4			2
		8		7			6	4
7	8	5			1	3		
4	6		2		3			

Puzzle #79

EASY

		2		1	6			9
7	9			2		1		
	8		5			4		
	2				1			3
5	6				8	9		
8				4			1	
9	1		3	7	4	2		
6		3			2		9	5
2			6				4	1

Puzzle #80

EASY

	6		8		2			
1	7		3				9	8
			7		4			
8	1	9				4	3	
		5		3	7			
6	3				9		5	2
			9	4		5	6	3
	4	6	2					
		1	6	7	3		2	

Puzzle #81

EASY

6		8	2				5	1
				1				4
			7	6	3	2	8	
1	8	4	3			7		6
	9		6			5		
	6				9			2
5	1				2			7
2	3							8
			9		6	1		5

Puzzle #82

EASY

8	5		7			6		
		4				5	8	
2		9		6			1	
		3				8	2	9
	2			4				7
6			1		9	4	3	
	1	7			2	3	5	
	8		4		6		7	
		6	3	1	7			

Puzzle #83

EASY

7			1		2	8	3	6
8			7		5			9
4				6			7	2
6		9	5			2		
			2			3		
	8	2		1	3	4		
2	5	7		9	1		8	
				2			5	
9			4					3

Puzzle #84

EASY

	5	3				4	7	
7			1	4			6	2
	4	6	7	3				
		1		6			2	
					4		3	
6			2				1	8
9					2	6	4	5
	6		9	7			8	
	3		4			1	9	

Puzzle #85

EASY

3	9					1		8
	8		2			6		
	5	4	1		7			
5	7				6	2		
2	1	6				4		7
9	4	3		2	5			6
8				4	9			1
	3							
7	2		5				8	4

Puzzle #86

EASY

		4				5		6
		3		1			8	
	2		8		3			
6	9		7					4
3	7					8	9	
	4		9			6		
9	1				6	3		
8	5			9	4	7		1
4	3			8		2	5	

Puzzle #87

EASY

4	3		6				9	2
		5			3	4	7	6
		9			4			5
	7	6		4				1
1		8	3	2		7		9
			1	7		2		8
		1						7
	8		9					4
9		2	5	8			1	

Puzzle #88

EASY

		8		3	2			9
5	7		8			4		3
		4		1		8		
		7			3		8	
						3	7	2
				9	8		6	4
			9	4		6		8
8	4		3	7	1		9	5
	3		2		6	1		

Puzzle #89

EASY

1						8	4	
	8					7	6	1
7	5	4	6		8	2		
	2	3			9			
	6		7	2		3		
		7		4		5		
	9		3			6	7	
		2		9	6			
6	4	5	2			9	1	

Puzzle #90

EASY

3	8	1	5			7		
	4				9	8		6
	2	6	8	7				4
1			7	9		2	6	
								7
		4	1	2		5		
6				1	7	4	8	3
		9	4	5		6		
4					2	9		

Puzzle #91

EASY

4			7	5		8		
	1		3				7	4
	3				6	1		9
1				6				
		5		8	3		9	1
	9	4	5	1	7			
	5	2	8	7		3		
		1	6					
6		7	1		9	4		

Puzzle #92

EASY

			3	2		5		
2			7	5		9		1
4			8	9				
3	4	5	1			7		
	8			7		6		9
9	6				2			5
7	9	3		1			5	2
	2	8					7	
		4						6

Puzzle #93

EASY

7		9	1				6	
	2		4	5	3	7		
		8	6			3		
					4			9
5	4	3	9	2	1	6		
	6	2			8			
3	7		2	1		8		
		1				5	7	
	8			7				1

Puzzle #94

EASY

		8	9			5		7
7		6	1	5		9	3	
		9	2					
5			7	2	3			9
6	9	3		8		7		
	7		6		5	8		
	6			1	2			4
9				6	7			
	2			4				

Puzzle #95

EASY

		9		6	5	1		
7	6	3	1		2	4		
	1	5					3	
9					8			
								1
3	7	1	4	2			5	
		4	2	7			8	
	5	8	6		3	7		4
			8	5				9

Puzzle #96

EASY

1	4		7			3	9	
	6		4		8			2
							1	
	9	8	6		7	2		1
	2		1				3	
7						9		5
4						6	8	3
	3	7			5	1		
2		1	3	6	4	7	5	

Puzzle #97

EASY

	8	7	3				5	
6	4	5		1				8
	9				5		2	
		9			6	2		3
		2	5	7	1	6	8	
8					9		1	
			6	4		3		
9				5				
3		4	9	2		8	6	

Puzzle #98

EASY

	7							
				8	2		6	
4	8	6		1		9		
	9				6		4	3
2	4	7		5	3	1		6
3		5	1				2	
			2	7	8	4	1	
		8	6	4	9	2		
9		4						

Puzzle #99

EASY

	8	2	9		7	6	4	
6	3	7	2		8			
5		4				2		
	1		3		4	9		6
					6		8	
3	4							
			8		2			7
8	2	1	7	9	3	4		
		3	4		5			2

Puzzle #100

EASY

7		5	6	4				
9	3		7				6	8
				2	3			7
3	2	7	5		6			
6					9	2		
4			8	3				
								6
1		4	2	9		3		5
	7	8	3	6	4	1		

Puzzle # 1

4	5	3	9	8	1	6	2	7
6	7	2	4	5	3	9	8	1
1	9	8	7	6	2	5	3	4
7	2	9	1	4	8	3	5	6
5	8	4	6	3	7	1	9	2
3	6	1	2	9	5	7	4	8
9	3	6	8	7	4	2	1	5
8	1	7	5	2	9	4	6	3
2	4	5	3	1	6	8	7	9

Puzzle # 2

8	5	1	2	7	9	4	3	6
6	7	9	3	5	4	2	8	1
2	3	4	6	1	8	7	5	9
3	1	6	8	2	5	9	4	7
7	4	5	9	6	1	3	2	8
9	8	2	7	4	3	6	1	5
1	2	3	5	9	7	8	6	4
4	9	8	1	3	6	5	7	2
5	6	7	4	8	2	1	9	3

Puzzle # 3

3	9	4	6	5	1	2	7	8
2	8	7	9	3	4	5	1	6
1	5	6	7	8	2	9	4	3
5	4	2	8	1	6	3	9	7
9	6	8	3	7	5	4	2	1
7	3	1	4	2	9	6	8	5
6	2	3	1	9	8	7	5	4
8	7	5	2	4	3	1	6	9
4	1	9	5	6	7	8	3	2

Puzzle # 4

7	6	1	9	5	8	4	3	2
8	4	2	7	3	1	5	6	9
5	3	9	4	2	6	8	7	1
9	2	6	3	4	7	1	8	5
3	1	7	2	8	5	9	4	6
4	5	8	1	6	9	3	2	7
1	7	4	8	9	2	6	5	3
6	9	3	5	7	4	2	1	8
2	8	5	6	1	3	7	9	4

Puzzle # 5

6	2	8	4	3	5	7	1	9
1	7	9	6	8	2	4	5	3
3	4	5	1	9	7	2	6	8
5	8	7	9	6	4	3	2	1
4	6	2	5	1	3	9	8	7
9	3	1	7	2	8	6	4	5
2	5	6	3	7	1	8	9	4
7	9	4	8	5	6	1	3	2
8	1	3	2	4	9	5	7	6

Puzzle # 6

6	1	3	2	7	4	5	9	8
5	7	4	9	6	8	2	3	1
8	9	2	3	5	1	4	7	6
9	4	5	7	1	2	8	6	3
2	6	7	8	9	3	1	5	4
3	8	1	5	4	6	7	2	9
7	3	8	1	2	9	6	4	5
4	2	9	6	8	5	3	1	7
1	5	6	4	3	7	9	8	2

Puzzle # 7

5	4	3	8	7	1	9	2	6
8	6	7	4	2	9	1	3	5
1	9	2	6	5	3	8	7	4
4	5	1	2	8	7	3	6	9
2	3	8	1	9	6	5	4	7
6	7	9	5	3	4	2	1	8
9	1	5	7	4	2	6	8	3
7	8	6	3	1	5	4	9	2
3	2	4	9	6	8	7	5	1

Puzzle # 8

6	7	9	2	1	8	4	5	3
1	8	2	4	5	3	9	7	6
5	3	4	7	9	6	8	2	1
2	1	3	9	8	5	6	4	7
8	6	7	3	2	4	5	1	9
9	4	5	1	6	7	3	8	2
4	9	8	6	7	2	1	3	5
7	5	6	8	3	1	2	9	4
3	2	1	5	4	9	7	6	8

Puzzle # 9

9	3	2	6	8	7	4	5	1
6	5	8	9	1	4	2	3	7
7	4	1	2	3	5	6	9	8
5	8	3	7	4	2	1	6	9
1	6	7	3	9	8	5	2	4
4	2	9	5	6	1	8	7	3
2	9	4	1	5	3	7	8	6
8	7	6	4	2	9	3	1	5
3	1	5	8	7	6	9	4	2

Puzzle # 10

6	7	3	5	1	2	8	4	9
4	8	2	6	9	3	5	1	7
5	1	9	7	8	4	3	6	2
7	6	4	3	2	9	1	8	5
9	2	8	1	5	6	7	3	4
3	5	1	4	7	8	2	9	6
1	3	5	9	4	7	6	2	8
8	9	7	2	6	1	4	5	3
2	4	6	8	3	5	9	7	1

Puzzle # 11

9	6	5	1	4	7	8	2	3
1	7	2	3	8	9	5	4	6
8	3	4	6	5	2	9	1	7
2	9	1	7	3	6	4	8	5
7	5	6	4	9	8	2	3	1
4	8	3	2	1	5	7	6	9
5	1	8	9	2	3	6	7	4
6	4	9	8	7	1	3	5	2
3	2	7	5	6	4	1	9	8

Puzzle # 12

6	9	8	7	2	5	3	4	1
2	7	4	6	1	3	8	9	5
5	1	3	8	4	9	6	7	2
7	2	9	4	3	1	5	8	6
8	4	6	2	5	7	1	3	9
1	3	5	9	6	8	7	2	4
9	8	1	5	7	4	2	6	3
4	5	2	3	8	6	9	1	7
3	6	7	1	9	2	4	5	8

Puzzle # 13

2	6	9	7	4	3	5	8	1
1	8	5	2	9	6	7	4	3
3	7	4	5	1	8	9	6	2
6	4	7	3	2	1	8	9	5
5	3	1	4	8	9	6	2	7
8	9	2	6	7	5	1	3	4
9	2	3	8	5	7	4	1	6
7	1	6	9	3	4	2	5	8
4	5	8	1	6	2	3	7	9

Puzzle # 14

6	9	5	2	1	4	3	8	7
7	3	4	8	9	5	2	1	6
1	8	2	6	7	3	4	5	9
2	1	6	5	8	7	9	3	4
4	5	9	3	2	6	1	7	8
8	7	3	1	4	9	5	6	2
3	2	7	9	6	1	8	4	5
5	6	8	4	3	2	7	9	1
9	4	1	7	5	8	6	2	3

Puzzle # 15

3	5	7	9	8	1	6	4	2
6	2	9	3	7	4	1	8	5
4	1	8	6	2	5	7	3	9
1	7	4	8	5	2	3	9	6
2	6	3	4	1	9	8	5	7
9	8	5	7	6	3	2	1	4
7	3	6	5	4	8	9	2	1
5	9	1	2	3	7	4	6	8
8	4	2	1	9	6	5	7	3

Puzzle # 16

5	9	1	4	7	2	6	8	3
8	2	4	6	1	3	5	9	7
6	7	3	8	5	9	1	2	4
4	1	5	9	3	8	2	7	6
2	3	8	7	6	1	4	5	9
9	6	7	5	2	4	8	3	1
3	8	6	2	4	7	9	1	5
7	4	2	1	9	5	3	6	8
1	5	9	3	8	6	7	4	2

Puzzle # 17

5	6	9	8	7	1	2	3	4
3	7	2	5	4	9	8	6	1
8	4	1	6	2	3	9	7	5
6	2	7	1	3	4	5	8	9
9	1	3	7	8	5	6	4	2
4	8	5	2	9	6	3	1	7
2	5	6	3	1	7	4	9	8
7	3	4	9	5	8	1	2	6
1	9	8	4	6	2	7	5	3

Puzzle # 18

4	6	1	2	9	8	3	7	5
7	3	9	4	1	5	2	8	6
2	8	5	7	3	6	4	1	9
8	4	6	1	7	9	5	2	3
3	9	7	5	6	2	1	4	8
1	5	2	8	4	3	9	6	7
9	1	8	6	5	4	7	3	2
5	2	4	3	8	7	6	9	1
6	7	3	9	2	1	8	5	4

Puzzle # 19

4	1	5	8	6	2	3	7	9
2	7	8	9	3	1	5	4	6
9	3	6	7	5	4	2	1	8
5	9	1	4	2	7	8	6	3
7	8	2	6	1	3	9	5	4
6	4	3	5	8	9	7	2	1
3	6	4	2	7	8	1	9	5
1	2	9	3	4	5	6	8	7
8	5	7	1	9	6	4	3	2

Puzzle # 20

5	6	8	4	9	3	1	7	2
4	1	9	8	7	2	5	6	3
2	7	3	1	5	6	8	4	9
7	8	6	2	1	5	3	9	4
3	5	4	9	6	8	7	2	1
9	2	1	7	3	4	6	5	8
6	4	2	3	8	7	9	1	5
1	3	5	6	4	9	2	8	7
8	9	7	5	2	1	4	3	6

Puzzle # 21

1	6	7	4	2	5	8	9	3
5	8	4	7	3	9	1	6	2
3	9	2	1	6	8	5	7	4
8	7	6	5	4	1	2	3	9
2	4	1	9	7	3	6	5	8
9	3	5	2	8	6	4	1	7
6	5	8	3	9	2	7	4	1
7	2	3	6	1	4	9	8	5
4	1	9	8	5	7	3	2	6

Puzzle # 22

8	1	7	4	9	6	3	2	5
5	4	6	3	8	2	1	9	7
9	2	3	5	1	7	6	4	8
4	7	5	1	6	3	9	8	2
6	3	9	8	2	5	7	1	4
1	8	2	7	4	9	5	3	6
2	6	8	9	5	1	4	7	3
3	9	4	6	7	8	2	5	1
7	5	1	2	3	4	8	6	9

Puzzle # 23

3	9	6	7	8	1	4	5	2
7	5	2	9	4	3	6	1	8
8	1	4	2	5	6	3	7	9
1	8	5	3	7	2	9	4	6
6	2	3	4	9	5	7	8	1
4	7	9	6	1	8	2	3	5
5	3	7	1	2	9	8	6	4
2	4	8	5	6	7	1	9	3
9	6	1	8	3	4	5	2	7

Puzzle # 24

9	7	8	3	1	2	6	5	4
5	1	3	9	4	6	8	7	2
6	4	2	8	5	7	1	3	9
8	5	1	2	7	9	4	6	3
3	6	7	4	8	5	2	9	1
2	9	4	6	3	1	5	8	7
7	8	9	5	2	4	3	1	6
1	2	5	7	6	3	9	4	8
4	3	6	1	9	8	7	2	5

Puzzle # 25

6	7	4	3	5	9	8	1	2
5	8	3	1	2	6	4	7	9
2	1	9	7	8	4	6	5	3
3	2	6	4	9	7	1	8	5
4	9	8	5	1	2	3	6	7
1	5	7	8	6	3	9	2	4
7	6	1	9	3	5	2	4	8
9	4	2	6	7	8	5	3	1
8	3	5	2	4	1	7	9	6

Puzzle # 26

7	4	9	6	5	2	3	8	1
5	6	2	1	3	8	4	9	7
3	8	1	7	9	4	5	6	2
2	5	7	9	6	1	8	3	4
6	3	4	8	2	5	7	1	9
1	9	8	4	7	3	2	5	6
8	2	6	3	1	7	9	4	5
9	7	3	5	4	6	1	2	8
4	1	5	2	8	9	6	7	3

Puzzle # 27

7	3	6	2	8	5	9	4	1
4	9	5	6	3	1	7	8	2
1	2	8	4	7	9	6	3	5
3	6	9	8	4	2	5	1	7
5	1	4	7	9	6	8	2	3
8	7	2	1	5	3	4	9	6
6	4	3	9	2	7	1	5	8
9	5	7	3	1	8	2	6	4
2	8	1	5	6	4	3	7	9

Puzzle # 28

4	7	5	8	3	2	6	9	1
2	8	3	6	9	1	4	5	7
9	1	6	7	5	4	8	3	2
7	4	9	3	6	5	2	1	8
6	3	1	9	2	8	7	4	5
8	5	2	1	4	7	9	6	3
1	9	4	2	7	3	5	8	6
5	2	8	4	1	6	3	7	9
3	6	7	5	8	9	1	2	4

Puzzle # 29

9	1	3	2	6	8	7	5	4
6	4	8	7	9	5	2	3	1
5	7	2	4	1	3	8	6	9
8	9	4	1	5	7	6	2	3
3	5	7	6	4	2	9	1	8
1	2	6	8	3	9	4	7	5
7	3	9	5	8	6	1	4	2
2	8	1	3	7	4	5	9	6
4	6	5	9	2	1	3	8	7

Puzzle # 30

4	2	8	7	3	5	6	1	9
5	1	6	2	9	4	7	3	8
7	9	3	6	1	8	5	2	4
6	7	2	5	4	3	8	9	1
9	3	1	8	6	7	2	4	5
8	5	4	9	2	1	3	7	6
3	4	5	1	7	6	9	8	2
2	8	7	4	5	9	1	6	3
1	6	9	3	8	2	4	5	7

Puzzle # 31

3	2	8	6	4	7	5	1	9
1	4	6	5	2	9	3	8	7
5	9	7	3	8	1	4	2	6
8	7	3	2	9	6	1	4	5
9	1	4	8	3	5	6	7	2
6	5	2	7	1	4	9	3	8
7	6	1	4	5	8	2	9	3
4	3	5	9	7	2	8	6	1
2	8	9	1	6	3	7	5	4

Puzzle # 32

2	7	3	6	9	8	4	5	1
1	8	6	5	4	2	3	7	9
5	4	9	1	7	3	6	8	2
7	9	5	3	1	4	2	6	8
4	6	8	9	2	7	5	1	3
3	2	1	8	5	6	7	9	4
8	1	2	4	6	5	9	3	7
6	3	7	2	8	9	1	4	5
9	5	4	7	3	1	8	2	6

Puzzle # 33

7	8	3	2	5	4	9	6	1
6	1	4	8	7	9	3	2	5
2	5	9	6	1	3	7	4	8
9	3	2	5	6	1	4	8	7
1	4	8	3	9	7	6	5	2
5	7	6	4	2	8	1	3	9
4	6	7	1	8	5	2	9	3
3	9	5	7	4	2	8	1	6
8	2	1	9	3	6	5	7	4

Puzzle # 34

9	4	3	5	1	8	2	6	7
8	6	2	3	7	4	9	5	1
1	5	7	6	9	2	3	4	8
5	8	9	7	3	6	4	1	2
3	1	6	4	2	9	8	7	5
2	7	4	8	5	1	6	3	9
6	9	1	2	4	7	5	8	3
7	3	8	9	6	5	1	2	4
4	2	5	1	8	3	7	9	6

Puzzle # 35

5	4	2	1	3	8	6	9	7
1	8	6	9	7	5	3	2	4
3	7	9	4	6	2	8	5	1
8	3	7	5	1	4	2	6	9
9	5	4	6	2	3	7	1	8
6	2	1	8	9	7	4	3	5
7	6	8	3	5	9	1	4	2
2	9	3	7	4	1	5	8	6
4	1	5	2	8	6	9	7	3

Puzzle # 36

2	5	8	6	7	9	3	4	1
3	4	6	2	5	1	9	8	7
7	9	1	8	3	4	6	2	5
4	7	9	1	8	3	2	5	6
6	8	3	5	4	2	7	1	9
5	1	2	9	6	7	8	3	4
8	3	4	7	1	6	5	9	2
9	6	5	4	2	8	1	7	3
1	2	7	3	9	5	4	6	8

Puzzle # 37

8	3	7	5	1	2	6	9	4
5	9	2	3	4	6	7	8	1
1	6	4	7	9	8	2	3	5
7	4	5	8	6	1	3	2	9
3	2	6	9	5	4	8	1	7
9	1	8	2	7	3	5	4	6
4	5	3	1	2	7	9	6	8
6	8	9	4	3	5	1	7	2
2	7	1	6	8	9	4	5	3

Puzzle # 38

2	3	9	5	1	7	4	8	6
4	1	8	6	9	3	5	7	2
7	6	5	2	8	4	9	1	3
5	2	1	7	4	9	3	6	8
3	7	4	8	6	1	2	5	9
9	8	6	3	5	2	1	4	7
1	4	7	9	2	8	6	3	5
8	5	2	1	3	6	7	9	4
6	9	3	4	7	5	8	2	1

Puzzle # 39

2	7	3	6	8	9	5	1	4
6	5	8	4	1	2	3	9	7
9	4	1	3	7	5	8	2	6
3	2	7	1	4	6	9	5	8
5	8	4	2	9	3	6	7	1
1	6	9	7	5	8	4	3	2
7	1	5	9	6	4	2	8	3
8	3	6	5	2	1	7	4	9
4	9	2	8	3	7	1	6	5

Puzzle # 40

4	6	2	8	7	5	3	1	9
1	8	9	2	3	6	5	7	4
7	3	5	4	1	9	8	2	6
8	7	6	1	2	4	9	5	3
2	1	4	5	9	3	7	6	8
9	5	3	7	6	8	2	4	1
3	9	1	6	5	2	4	8	7
5	4	7	3	8	1	6	9	2
6	2	8	9	4	7	1	3	5

Puzzle # 41

3	9	1	2	4	5	8	7	6
2	4	7	1	6	8	9	3	5
6	5	8	3	9	7	4	1	2
9	1	2	8	7	3	5	6	4
7	8	4	6	5	1	2	9	3
5	3	6	4	2	9	7	8	1
4	2	9	7	1	6	3	5	8
1	7	3	5	8	4	6	2	9
8	6	5	9	3	2	1	4	7

Puzzle # 42

7	9	4	8	6	3	1	2	5
5	2	6	9	7	1	8	4	3
3	8	1	5	4	2	7	9	6
8	7	3	1	9	6	4	5	2
4	6	2	7	5	8	9	3	1
1	5	9	3	2	4	6	7	8
2	3	8	4	1	7	5	6	9
9	1	7	6	3	5	2	8	4
6	4	5	2	8	9	3	1	7

Puzzle # 43

6	1	8	2	7	9	5	3	4
4	2	5	8	3	1	6	9	7
3	9	7	4	5	6	2	1	8
8	5	3	6	1	2	4	7	9
1	6	2	7	9	4	8	5	3
9	7	4	5	8	3	1	2	6
2	8	1	3	4	7	9	6	5
5	3	9	1	6	8	7	4	2
7	4	6	9	2	5	3	8	1

Puzzle # 44

8	1	6	7	9	5	4	3	2
2	3	7	8	4	6	5	1	9
5	4	9	1	2	3	6	7	8
1	6	4	3	8	7	9	2	5
7	2	3	6	5	9	8	4	1
9	8	5	4	1	2	7	6	3
6	9	2	5	7	1	3	8	4
3	5	8	2	6	4	1	9	7
4	7	1	9	3	8	2	5	6

Puzzle # 45

9	4	5	1	7	8	2	6	3
2	8	7	3	4	6	9	5	1
3	1	6	5	9	2	4	8	7
4	2	1	6	5	9	3	7	8
5	7	9	2	8	3	6	1	4
6	3	8	7	1	4	5	9	2
8	9	3	4	6	1	7	2	5
1	5	4	9	2	7	8	3	6
7	6	2	8	3	5	1	4	9

Puzzle # 46

7	9	8	4	1	2	3	6	5
1	6	3	9	5	7	4	2	8
2	4	5	3	6	8	7	1	9
9	5	7	2	8	6	1	4	3
3	8	6	1	7	4	9	5	2
4	2	1	5	3	9	6	8	7
6	3	4	7	2	5	8	9	1
8	7	2	6	9	1	5	3	4
5	1	9	8	4	3	2	7	6

Puzzle # 47

8	6	7	1	4	3	9	2	5
1	5	2	8	9	7	4	6	3
4	9	3	5	2	6	7	1	8
7	3	8	6	5	4	1	9	2
6	4	9	2	1	8	5	3	7
2	1	5	7	3	9	8	4	6
5	8	4	3	6	1	2	7	9
3	7	1	9	8	2	6	5	4
9	2	6	4	7	5	3	8	1

Puzzle # 48

7	6	3	2	4	8	9	5	1
2	5	8	3	1	9	7	6	4
1	9	4	7	6	5	2	3	8
3	7	5	1	8	4	6	2	9
4	2	6	5	9	3	1	8	7
9	8	1	6	7	2	3	4	5
6	4	2	9	5	7	8	1	3
5	3	9	8	2	1	4	7	6
8	1	7	4	3	6	5	9	2

Puzzle # 49

5	3	1	2	8	4	9	6	7
4	8	7	9	1	6	5	3	2
6	2	9	5	7	3	1	4	8
1	5	2	3	4	9	7	8	6
8	4	6	7	2	5	3	9	1
9	7	3	1	6	8	4	2	5
2	1	4	6	9	7	8	5	3
7	9	5	8	3	2	6	1	4
3	6	8	4	5	1	2	7	9

Puzzle # 50

6	8	9	3	7	2	1	5	4
3	2	1	5	4	6	9	7	8
7	5	4	8	1	9	2	6	3
1	7	8	6	9	3	4	2	5
2	4	3	1	5	7	6	8	9
9	6	5	2	8	4	7	3	1
5	3	6	9	2	1	8	4	7
8	9	7	4	6	5	3	1	2
4	1	2	7	3	8	5	9	6

Puzzle # 51

3	7	1	2	6	8	4	9	5
4	2	8	5	9	1	7	3	6
5	9	6	4	7	3	2	8	1
6	8	3	9	4	5	1	2	7
2	5	7	1	8	6	3	4	9
9	1	4	7	3	2	5	6	8
7	6	2	8	5	4	9	1	3
1	3	9	6	2	7	8	5	4
8	4	5	3	1	9	6	7	2

Puzzle # 52

3	7	8	4	5	9	1	2	6
4	1	5	6	7	2	9	3	8
9	2	6	8	3	1	5	7	4
1	6	3	7	8	5	2	4	9
2	5	4	1	9	6	7	8	3
8	9	7	2	4	3	6	1	5
7	3	2	9	6	8	4	5	1
5	4	9	3	1	7	8	6	2
6	8	1	5	2	4	3	9	7

Puzzle # 53

4	3	8	7	6	9	2	1	5
9	6	2	5	1	3	8	7	4
5	7	1	8	2	4	9	6	3
3	1	5	6	9	7	4	2	8
2	8	6	3	4	5	1	9	7
7	4	9	1	8	2	3	5	6
6	9	3	4	7	1	5	8	2
8	2	4	9	5	6	7	3	1
1	5	7	2	3	8	6	4	9

Puzzle # 54

9	8	5	6	1	2	3	4	7
6	3	1	4	7	8	9	5	2
2	7	4	3	9	5	8	6	1
5	4	7	1	2	9	6	8	3
3	2	6	8	4	7	5	1	9
1	9	8	5	3	6	7	2	4
8	1	9	7	6	4	2	3	5
4	6	2	9	5	3	1	7	8
7	5	3	2	8	1	4	9	6

Puzzle # 55

8	9	6	7	1	2	5	3	4
1	4	3	8	6	5	7	2	9
2	5	7	4	9	3	8	1	6
6	1	4	5	2	8	9	7	3
7	3	9	6	4	1	2	8	5
5	8	2	9	3	7	4	6	1
3	7	5	1	8	9	6	4	2
9	6	1	2	7	4	3	5	8
4	2	8	3	5	6	1	9	7

Puzzle # 56

5	1	9	6	7	2	3	4	8
6	8	7	4	3	9	1	2	5
2	4	3	1	5	8	6	9	7
9	3	2	5	8	6	7	1	4
1	6	8	3	4	7	9	5	2
7	5	4	2	9	1	8	3	6
3	2	6	7	1	5	4	8	9
8	7	1	9	2	4	5	6	3
4	9	5	8	6	3	2	7	1

Puzzle # 57

9	4	6	8	3	2	1	5	7
2	8	7	1	6	5	4	9	3
5	3	1	4	7	9	8	6	2
8	5	4	3	9	6	7	2	1
1	9	2	7	4	8	5	3	6
6	7	3	2	5	1	9	8	4
3	2	9	5	1	7	6	4	8
7	6	8	9	2	4	3	1	5
4	1	5	6	8	3	2	7	9

Puzzle # 58

1	4	8	3	9	5	2	6	7
3	7	9	6	2	8	4	1	5
6	2	5	7	4	1	8	3	9
4	1	6	9	3	7	5	8	2
9	8	7	2	5	6	3	4	1
2	5	3	1	8	4	7	9	6
8	6	1	4	7	2	9	5	3
7	9	4	5	6	3	1	2	8
5	3	2	8	1	9	6	7	4

Puzzle # 59

1	2	4	9	7	8	6	3	5
9	8	6	5	1	3	2	4	7
3	7	5	2	6	4	9	8	1
5	4	9	7	3	2	1	6	8
2	1	8	4	9	6	5	7	3
7	6	3	8	5	1	4	2	9
8	9	2	1	4	7	3	5	6
6	5	7	3	2	9	8	1	4
4	3	1	6	8	5	7	9	2

Puzzle # 60

5	6	7	1	3	8	4	9	2
1	2	4	6	7	9	8	3	5
9	3	8	5	2	4	1	7	6
2	1	3	7	9	6	5	4	8
4	5	9	8	1	2	3	6	7
8	7	6	4	5	3	9	2	1
3	8	2	9	6	5	7	1	4
6	4	1	3	8	7	2	5	9
7	9	5	2	4	1	6	8	3

Puzzle # 61

7	9	2	4	8	5	1	6	3
3	6	5	7	9	1	4	8	2
1	4	8	3	2	6	5	7	9
4	2	7	1	5	9	6	3	8
9	3	6	8	4	7	2	1	5
5	8	1	6	3	2	9	4	7
8	1	9	5	6	3	7	2	4
2	7	3	9	1	4	8	5	6
6	5	4	2	7	8	3	9	1

Puzzle # 62

4	5	1	6	7	3	9	2	8
7	6	8	4	2	9	1	5	3
2	3	9	8	5	1	7	4	6
9	7	5	2	4	8	3	6	1
3	1	6	7	9	5	2	8	4
8	4	2	3	1	6	5	7	9
6	2	3	1	8	7	4	9	5
1	9	7	5	6	4	8	3	2
5	8	4	9	3	2	6	1	7

Puzzle # 63

2	6	1	9	4	8	3	7	5
9	3	5	2	6	7	1	8	4
8	4	7	5	3	1	2	9	6
7	1	8	3	2	4	6	5	9
4	2	6	1	9	5	8	3	7
3	5	9	8	7	6	4	2	1
5	7	3	4	1	2	9	6	8
1	8	2	6	5	9	7	4	3
6	9	4	7	8	3	5	1	2

Puzzle # 64

1	5	3	2	7	9	4	6	8
6	9	4	8	1	5	7	3	2
8	7	2	6	4	3	5	9	1
2	8	5	7	9	6	1	4	3
3	1	7	5	2	4	6	8	9
4	6	9	1	3	8	2	7	5
9	2	6	3	5	7	8	1	4
7	4	1	9	8	2	3	5	6
5	3	8	4	6	1	9	2	7

Puzzle # 65

9	5	7	6	2	1	4	3	8
3	8	6	9	7	4	1	5	2
2	4	1	8	3	5	9	7	6
4	2	5	7	8	9	6	1	3
1	7	9	3	5	6	8	2	4
6	3	8	4	1	2	7	9	5
5	6	3	1	4	7	2	8	9
8	1	4	2	9	3	5	6	7
7	9	2	5	6	8	3	4	1

Puzzle # 66

8	2	6	5	3	7	9	4	1
7	3	5	9	4	1	8	6	2
4	1	9	8	2	6	7	5	3
3	5	8	1	7	2	6	9	4
1	7	4	6	9	5	3	2	8
9	6	2	3	8	4	5	1	7
5	8	7	2	1	9	4	3	6
6	4	1	7	5	3	2	8	9
2	9	3	4	6	8	1	7	5

Puzzle # 67

4	8	5	1	9	7	3	6	2
9	3	6	8	4	2	7	1	5
1	7	2	5	3	6	4	9	8
8	4	1	7	5	9	2	3	6
5	2	9	6	8	3	1	7	4
7	6	3	2	1	4	5	8	9
3	5	7	9	2	8	6	4	1
6	1	8	4	7	5	9	2	3
2	9	4	3	6	1	8	5	7

Puzzle # 68

4	5	2	3	9	6	7	1	8
1	6	9	7	5	8	2	3	4
8	3	7	1	4	2	9	6	5
5	8	1	2	7	3	4	9	6
2	4	3	9	6	5	1	8	7
7	9	6	8	1	4	5	2	3
9	7	5	6	8	1	3	4	2
6	2	4	5	3	9	8	7	1
3	1	8	4	2	7	6	5	9

Puzzle # 69

6	7	4	3	8	1	9	5	2
9	1	8	4	2	5	7	6	3
2	5	3	9	6	7	4	8	1
4	6	1	8	7	9	3	2	5
8	2	9	5	1	3	6	7	4
5	3	7	2	4	6	1	9	8
3	4	5	6	9	8	2	1	7
1	8	6	7	3	2	5	4	9
7	9	2	1	5	4	8	3	6

Puzzle # 70

1	9	5	7	3	8	4	2	6
4	6	8	1	5	2	3	9	7
2	7	3	6	9	4	5	8	1
6	3	2	8	7	9	1	5	4
5	8	4	3	1	6	9	7	2
7	1	9	2	4	5	6	3	8
8	4	7	5	6	3	2	1	9
3	2	6	9	8	1	7	4	5
9	5	1	4	2	7	8	6	3

Puzzle # 71

9	3	7	1	8	4	6	5	2
4	2	5	9	7	6	8	1	3
6	1	8	3	5	2	9	4	7
7	6	4	8	3	5	1	2	9
8	9	3	2	4	1	5	7	6
2	5	1	7	6	9	3	8	4
3	4	6	5	1	7	2	9	8
5	7	2	6	9	8	4	3	1
1	8	9	4	2	3	7	6	5

Puzzle # 72

5	6	7	4	3	8	2	9	1
2	1	8	6	9	5	4	3	7
4	9	3	2	1	7	5	6	8
3	4	2	8	7	1	6	5	9
9	8	1	5	4	6	3	7	2
7	5	6	9	2	3	8	1	4
6	7	9	3	8	2	1	4	5
8	3	4	1	5	9	7	2	6
1	2	5	7	6	4	9	8	3

Puzzle # 73

3	4	5	6	1	8	9	7	2
6	7	1	9	2	5	4	3	8
2	8	9	3	7	4	1	6	5
7	5	6	4	3	9	8	2	1
8	9	3	2	5	1	7	4	6
1	2	4	8	6	7	3	5	9
9	1	7	5	4	6	2	8	3
4	6	2	1	8	3	5	9	7
5	3	8	7	9	2	6	1	4

Puzzle # 74

9	3	7	6	2	1	8	4	5
2	4	8	7	3	5	9	6	1
6	1	5	4	8	9	7	2	3
8	7	9	3	5	2	4	1	6
4	5	1	8	6	7	3	9	2
3	6	2	9	1	4	5	7	8
1	8	4	2	9	3	6	5	7
7	2	3	5	4	6	1	8	9
5	9	6	1	7	8	2	3	4

Puzzle # 75

7	2	9	6	4	8	5	3	1
1	4	8	2	3	5	7	9	6
5	6	3	7	1	9	8	4	2
2	1	6	5	9	4	3	7	8
3	5	4	1	8	7	2	6	9
9	8	7	3	2	6	4	1	5
8	3	1	9	7	2	6	5	4
4	7	5	8	6	1	9	2	3
6	9	2	4	5	3	1	8	7

Puzzle # 76

7	8	5	3	4	9	1	6	2
3	6	2	7	8	1	4	9	5
1	9	4	5	2	6	3	8	7
8	2	6	1	7	5	9	3	4
5	1	3	9	6	4	2	7	8
4	7	9	2	3	8	5	1	6
2	3	8	4	1	7	6	5	9
9	4	7	6	5	3	8	2	1
6	5	1	8	9	2	7	4	3

Puzzle # 77

5	2	6	3	9	1	4	7	8
1	8	3	7	2	4	5	9	6
4	7	9	5	8	6	3	1	2
8	9	1	6	4	3	2	5	7
6	3	2	9	5	7	8	4	1
7	4	5	2	1	8	9	6	3
9	1	8	4	7	2	6	3	5
2	6	4	1	3	5	7	8	9
3	5	7	8	6	9	1	2	4

Puzzle # 78

9	2	1	4	6	8	7	3	5
6	4	8	3	7	5	2	9	1
5	3	7	9	1	2	4	8	6
1	9	4	7	2	6	8	5	3
2	5	3	1	8	9	6	4	7
8	7	6	5	3	4	9	1	2
3	1	2	8	9	7	5	6	4
7	8	5	6	4	1	3	2	9
4	6	9	2	5	3	1	7	8

Puzzle # 79

3	5	2	4	1	6	8	7	9
7	9	4	8	2	3	1	5	6
1	8	6	5	9	7	4	3	2
4	2	7	9	6	1	5	8	3
5	6	1	7	3	8	9	2	4
8	3	9	2	4	5	6	1	7
9	1	5	3	7	4	2	6	8
6	4	3	1	8	2	7	9	5
2	7	8	6	5	9	3	4	1

Puzzle # 80

9	6	3	8	1	2	7	4	5
1	7	4	3	6	5	2	9	8
2	5	8	7	9	4	3	1	6
8	1	9	5	2	6	4	3	7
4	2	5	1	3	7	6	8	9
6	3	7	4	8	9	1	5	2
7	8	2	9	4	1	5	6	3
3	4	6	2	5	8	9	7	1
5	9	1	6	7	3	8	2	4

Puzzle # 81

6	7	8	2	9	4	3	5	1
9	2	3	5	1	8	6	7	4
4	5	1	7	6	3	2	8	9
1	8	4	3	2	5	7	9	6
7	9	2	6	8	1	5	4	3
3	6	5	4	7	9	8	1	2
5	1	6	8	4	2	9	3	7
2	3	9	1	5	7	4	6	8
8	4	7	9	3	6	1	2	5

Puzzle # 82

8	5	1	7	3	4	6	9	2
7	6	4	2	9	1	5	8	3
2	3	9	5	6	8	7	1	4
1	4	3	6	7	5	8	2	9
9	2	5	8	4	3	1	6	7
6	7	8	1	2	9	4	3	5
4	1	7	9	8	2	3	5	6
3	8	2	4	5	6	9	7	1
5	9	6	3	1	7	2	4	8

Puzzle # 83

7	9	5	1	4	2	8	3	6
8	2	6	7	3	5	1	4	9
4	1	3	8	6	9	5	7	2
6	3	9	5	7	4	2	1	8
1	7	4	2	8	6	3	9	5
5	8	2	9	1	3	4	6	7
2	5	7	3	9	1	6	8	4
3	4	8	6	2	7	9	5	1
9	6	1	4	5	8	7	2	3

Puzzle # 84

1	5	3	6	2	8	4	7	9
7	9	8	1	4	5	3	6	2
2	4	6	7	3	9	8	5	1
3	8	1	5	6	7	9	2	4
5	2	9	8	1	4	7	3	6
6	7	4	2	9	3	5	1	8
9	1	7	3	8	2	6	4	5
4	6	5	9	7	1	2	8	3
8	3	2	4	5	6	1	9	7

Puzzle # 85

3	9	2	6	5	4	1	7	8
1	8	7	2	9	3	6	4	5
6	5	4	1	8	7	9	3	2
5	7	8	4	1	6	2	9	3
2	1	6	9	3	8	4	5	7
9	4	3	7	2	5	8	1	6
8	6	5	3	4	9	7	2	1
4	3	1	8	7	2	5	6	9
7	2	9	5	6	1	3	8	4

Puzzle # 86

1	8	4	2	7	9	5	3	6
7	6	3	4	1	5	9	8	2
5	2	9	8	6	3	4	1	7
6	9	5	7	3	8	1	2	4
3	7	1	6	4	2	8	9	5
2	4	8	9	5	1	6	7	3
9	1	7	5	2	6	3	4	8
8	5	2	3	9	4	7	6	1
4	3	6	1	8	7	2	5	9

Puzzle # 87

4	3	7	6	5	8	1	9	2
8	1	5	2	9	3	4	7	6
6	2	9	7	1	4	8	3	5
2	7	6	8	4	9	3	5	1
1	5	8	3	2	6	7	4	9
3	9	4	1	7	5	2	6	8
5	6	1	4	3	2	9	8	7
7	8	3	9	6	1	5	2	4
9	4	2	5	8	7	6	1	3

Puzzle # 88

1	6	8	4	3	2	7	5	9
5	7	2	8	6	9	4	1	3
3	9	4	5	1	7	8	2	6
4	5	7	6	2	3	9	8	1
6	8	9	1	5	4	3	7	2
2	1	3	7	9	8	5	6	4
7	2	1	9	4	5	6	3	8
8	4	6	3	7	1	2	9	5
9	3	5	2	8	6	1	4	7

Puzzle # 89

1	3	6	9	7	2	8	4	5
2	8	9	4	3	5	7	6	1
7	5	4	6	1	8	2	3	9
4	2	3	5	6	9	1	8	7
5	6	8	7	2	1	3	9	4
9	1	7	8	4	3	5	2	6
8	9	1	3	5	4	6	7	2
3	7	2	1	9	6	4	5	8
6	4	5	2	8	7	9	1	3

Puzzle # 90

3	8	1	5	4	6	7	9	2
5	4	7	2	3	9	8	1	6
9	2	6	8	7	1	3	5	4
1	3	5	7	9	4	2	6	8
2	9	8	3	6	5	1	4	7
7	6	4	1	2	8	5	3	9
6	5	2	9	1	7	4	8	3
8	7	9	4	5	3	6	2	1
4	1	3	6	8	2	9	7	5

Puzzle # 91

4	2	9	7	5	1	8	6	3
5	1	6	3	9	8	2	7	4
7	3	8	2	4	6	1	5	9
1	7	3	9	6	2	5	4	8
2	6	5	4	8	3	7	9	1
8	9	4	5	1	7	6	3	2
9	5	2	8	7	4	3	1	6
3	4	1	6	2	5	9	8	7
6	8	7	1	3	9	4	2	5

Puzzle # 92

8	7	9	3	2	1	5	6	4
2	3	6	7	5	4	9	8	1
4	5	1	8	9	6	2	3	7
3	4	5	1	6	9	7	2	8
1	8	2	5	7	3	6	4	9
9	6	7	4	8	2	3	1	5
7	9	3	6	1	8	4	5	2
6	2	8	9	4	5	1	7	3
5	1	4	2	3	7	8	9	6

Puzzle # 93

7	3	9	1	8	2	4	6	5
1	2	6	4	5	3	7	9	8
4	5	8	6	9	7	3	1	2
8	1	7	5	6	4	2	3	9
5	4	3	9	2	1	6	8	7
9	6	2	7	3	8	1	5	4
3	7	5	2	1	9	8	4	6
2	9	1	8	4	6	5	7	3
6	8	4	3	7	5	9	2	1

Puzzle # 94

2	1	8	9	3	6	5	4	7
7	4	6	1	5	8	9	3	2
3	5	9	2	7	4	1	8	6
5	8	1	7	2	3	4	6	9
6	9	3	4	8	1	7	2	5
4	7	2	6	9	5	8	1	3
8	6	7	5	1	2	3	9	4
9	3	4	8	6	7	2	5	1
1	2	5	3	4	9	6	7	8

Puzzle # 95

4	2	9	3	6	5	1	7	8
7	6	3	1	8	2	4	9	5
8	1	5	9	4	7	6	3	2
9	4	6	5	1	8	3	2	7
5	8	2	7	3	6	9	4	1
3	7	1	4	2	9	8	5	6
6	9	4	2	7	1	5	8	3
2	5	8	6	9	3	7	1	4
1	3	7	8	5	4	2	6	9

Puzzle # 96

1	4	5	7	2	6	3	9	8
9	6	3	4	1	8	5	7	2
8	7	2	5	9	3	4	1	6
3	9	8	6	5	7	2	4	1
5	2	6	1	4	9	8	3	7
7	1	4	8	3	2	9	6	5
4	5	9	2	7	1	6	8	3
6	3	7	9	8	5	1	2	4
2	8	1	3	6	4	7	5	9

Puzzle # 89

1	3	6	9	7	2	8	4	5
2	8	9	4	3	5	7	6	1
7	5	4	6	1	8	2	3	9
4	2	3	5	6	9	1	8	7
5	6	8	7	2	1	3	9	4
9	1	7	8	4	3	5	2	6
8	9	1	3	5	4	6	7	2
3	7	2	1	9	6	4	5	8
6	4	5	2	8	7	9	1	3

Puzzle # 90

3	8	1	5	4	6	7	9	2
5	4	7	2	3	9	8	1	6
9	2	6	8	7	1	3	5	4
1	3	5	7	9	4	2	6	8
2	9	8	3	6	5	1	4	7
7	6	4	1	2	8	5	3	9
6	5	2	9	1	7	4	8	3
8	7	9	4	5	3	6	2	1
4	1	3	6	8	2	9	7	5

Puzzle # 91

4	2	9	7	5	1	8	6	3
5	1	6	3	9	8	2	7	4
7	3	8	2	4	6	1	5	9
1	7	3	9	6	2	5	4	8
2	6	5	4	8	3	7	9	1
8	9	4	5	1	7	6	3	2
9	5	2	8	7	4	3	1	6
3	4	1	6	2	5	9	8	7
6	8	7	1	3	9	4	2	5

Puzzle # 92

8	7	9	3	2	1	5	6	4
2	3	6	7	5	4	9	8	1
4	5	1	8	9	6	2	3	7
3	4	5	1	6	9	7	2	8
1	8	2	5	7	3	6	4	9
9	6	7	4	8	2	3	1	5
7	9	3	6	1	8	4	5	2
6	2	8	9	4	5	1	7	3
5	1	4	2	3	7	8	9	6

Puzzle # 93

7	3	9	1	8	2	4	6	5
1	2	6	4	5	3	7	9	8
4	5	8	6	9	7	3	1	2
8	1	7	5	6	4	2	3	9
5	4	3	9	2	1	6	8	7
9	6	2	7	3	8	1	5	4
3	7	5	2	1	9	8	4	6
2	9	1	8	4	6	5	7	3
6	8	4	3	7	5	9	2	1

Puzzle # 94

2	1	8	9	3	6	5	4	7
7	4	6	1	5	8	9	3	2
3	5	9	2	7	4	1	8	6
5	8	1	7	2	3	4	6	9
6	9	3	4	8	1	7	2	5
4	7	2	6	9	5	8	1	3
8	6	7	5	1	2	3	9	4
9	3	4	8	6	7	2	5	1
1	2	5	3	4	9	6	7	8

Puzzle # 95

4	2	9	3	6	5	1	7	8
7	6	3	1	8	2	4	9	5
8	1	5	9	4	7	6	3	2
9	4	6	5	1	8	3	2	7
5	8	2	7	3	6	9	4	1
3	7	1	4	2	9	8	5	6
6	9	4	2	7	1	5	8	3
2	5	8	6	9	3	7	1	4
1	3	7	8	5	4	2	6	9

Puzzle # 96

1	4	5	7	2	6	3	9	8
9	6	3	4	1	8	5	7	2
8	7	2	5	9	3	4	1	6
3	9	8	6	5	7	2	4	1
5	2	6	1	4	9	8	3	7
7	1	4	8	3	2	9	6	5
4	5	9	2	7	1	6	8	3
6	3	7	9	8	5	1	2	4
2	8	1	3	6	4	7	5	9

Puzzle # 97

2	8	7	3	9	4	1	5	6
6	4	5	7	1	2	9	3	8
1	9	3	8	6	5	4	2	7
5	1	9	4	8	6	2	7	3
4	3	2	5	7	1	6	8	9
8	7	6	2	3	9	5	1	4
7	2	1	6	4	8	3	9	5
9	6	8	1	5	3	7	4	2
3	5	4	9	2	7	8	6	1

Puzzle # 98

1	7	2	9	6	5	3	8	4
5	3	9	4	8	2	7	6	1
4	8	6	3	1	7	9	5	2
8	9	1	7	2	6	5	4	3
2	4	7	8	5	3	1	9	6
3	6	5	1	9	4	8	2	7
6	5	3	2	7	8	4	1	9
7	1	8	6	4	9	2	3	5
9	2	4	5	3	1	6	7	8

Puzzle # 99

1	8	2	9	5	7	6	4	3
6	3	7	2	4	8	5	1	9
5	9	4	6	3	1	2	7	8
2	1	8	3	7	4	9	5	6
9	7	5	1	2	6	3	8	4
3	4	6	5	8	9	7	2	1
4	5	9	8	6	2	1	3	7
8	2	1	7	9	3	4	6	5
7	6	3	4	1	5	8	9	2

Puzzle # 100

7	1	5	6	4	8	9	3	2
9	3	2	7	5	1	4	6	8
8	4	6	9	2	3	5	1	7
3	2	7	5	1	6	8	9	4
6	8	1	4	7	9	2	5	3
4	5	9	8	3	2	6	7	1
2	9	3	1	8	5	7	4	6
1	6	4	2	9	7	3	8	5
5	7	8	3	6	4	1	2	9

www.ingramcontent.com/pod-product-compliance
Lightning Source LLC
Chambersburg PA
CBHW081515220526
45467CB00010B/2936
* 9 7 9 8 7 1 8 9 9 6 0 5 0 *